不一样的 **数学故事书**

顾问　义务教育数学课程标准修订组组长
北京师范大学教授　曹一鸣

奇妙数学之旅

穿越迷幻山岭

一年级适用

主编：禹　芳　王　岚　孙敬彬

U0173707

华语教学出版社

图书在版编目（CIP）数据

奇妙数学之旅.穿越迷幻山岭/禹芳,王岚,孙敬彬主编.—北京：
华语教学出版社,2024.9
　（不一样的数学故事书）
ISBN 978-7-5138-2526-9

　Ⅰ.①奇… Ⅱ.①禹…②王…③孙… Ⅲ.①数学—少儿读物
Ⅳ.①O1-49

中国国家版本馆 CIP 数据核字（2023）第 257637 号

奇妙数学之旅·穿越迷幻山岭

出 版 人　王君校
主　　编　禹　芳　王　岚　孙敬彬
责任编辑　徐　林　谢鹏敏
封面设计　曼曼工作室
插　　图　天津元宇宙设计工作室
排版制作　北京名人时代文化传媒中心
出　　版　华语教学出版社
社　　址　北京西城区百万庄大街 24 号
邮政编码　100037
电　　话　（010）68995871
传　　真　（010）68326333
网　　址　www.sinolingua.com.cn
电子信箱　fxb@sinolingua.com.cn
印　　刷　河北鑫玉鸿程印刷有限公司
经　　销　全国新华书店
开　　本　16 开（710×1000）
字　　数　76（千）　　7.25 印张
版　　次　2024 年 9 月第 1 版第 1 次印刷
标准书号　ISBN 978-7-5138-2526-9
定　　价　30.00 元

（图书如有印刷、装订错误，请与出版社发行部联系调换。联系电话：010-68995871、010-68996820）

　　学好数学对于学生而言有多方面的重要意义。数学学习是中小学生学生生活、成长过程中的一个重要组成部分。可能对很多人来说，学习数学最主要的动力是希望在中考时有一个好的数学成绩，从而考入重点高中，进而考上理想的大学，最终实现"知识改变命运"的目的。因此为了提高考试成绩的"应试教育"大行其道。数学无用、无趣，甚至被视为升学道路上"拦路虎"的恶名也就在一定范围、某种程度上产生了。

　　但社会上同样也广为认同数学对发展思维、提升解决问题的能力具有不可替代的作用，是科学、技术、工程、经济、日常生活等领域必不可少的工具。因此，无论是为了升学还是职业发展，学好数学都是一个明智的选择。但要真正实现学好数学这一目标，并不是一件很容易做到的事情。如果一个人对数学不感兴趣，甚至讨厌数学，自然就不会认识到学习数学的好处或价值，以致对数学学习产生负面情绪。适合儿童数学学习心理特点的学习资源的匮乏，在很大程度上是造成上述现象的根源。

　　为了改变这种情况，可以采取多种措施。《奇妙数学之旅》

这套书从儿童数学学习的心理特点出发，选取小精灵、巫婆、小动物等陪同小朋友一起学数学。通过讲故事的形式，让小朋友在轻松愉快的童话世界中，去理解数学知识，学会数学思考并尝试解决数学问题。在阅读与思考中提高学习数学的兴趣，不知不觉地体验到数学的有趣，轻松愉快地学数学，减少对数学的恐惧和焦虑，从而更加积极主动地学习数学。喜欢听童话故事，是儿童的天性。这套书将数学知识故事化，将数学概念和问题嵌入故事情境中，以此来增强学习的趣味性和实用性，激发小朋友的好奇心和想象力，使他们对数学产生兴趣。当孩子们对故事中的情节感兴趣时，也就愿意去了解和解决故事中的数学问题，进而将抽象的数学概念与自己的日常生活经验联系起来，甚至可以了解到数学是如何在现实世界中产生和应用的。

大中小学数学国家教材建设重点研究基地主任

北京师范大学数学科学学院二级教授

人物名片

黄点点

一个活泼可爱的小男生，喜欢思考问题，喜欢观察动物，能够和小动物们交流。提起动物，他如数家珍，可以跟你聊个三天三夜！大家都叫他"动物小百科"。

猪爸爸老葫芦

黄点点在迷幻山岭认识的第一个朋友，喜欢孩子，有很多个猪宝宝。

猫头鹰澳维

黄点点在迷幻山岭的森林里认识的朋友，特别聪明，博学多才，是森林里的小博士。

猴子小圣

黄点点在迷幻山岭的森林里认识的朋友，他们一起探险，一起开小卖部，一起讨论数学问题。

CONTENTS 目录

 尾声

故事序言

黄点点七岁啦!

七岁生日黄点点过得很开心,更令他开心的是,他还参加了一场大冒险,去蚂蚁王国认识了蚂蚁阿山和数字宝宝等很多朋友。

度过了愉快的一天,他心满意足地躺到了自己的小床上,不一会儿便进入了甜美的梦乡。

也许是经历了太多的事,睡梦中他还安静不下来。不知道怎么回事,他迷迷糊糊地走入了一座大山,在山里走啊走啊,不知道走了多久,他忽然想起来,这和他在故事里看见的场景一样,这个地方他再熟悉不过了。

"耶!"他大叫一声,"我找到传说中的迷幻山岭了,简直太棒了!"

新的冒险又开始了!

1

有趣的大家庭

——20 以内的减法

黄点点竟然闯入了书中最迷人的迷幻山岭！迷幻山岭，听名字就很神秘，还有点儿恐 怖(bù)，但他一点儿也不害怕，反而有点儿激动，充满期待！他像个勇士一般，昂首挺胸地向迷幻山岭走去。

走着走着，他眼前突然出现了一座小屋，这座小屋像专门在这里等着黄点点似的。看，小屋和黄点点身上穿的衣服颜色一样，都是红色的。

黄点点边敲门边大声问:"有人吗?"

没人?

他用手轻轻一推,嘎吱一声,门开了,黄点点的腿不知道该不该迈过门槛(kǎn)。

"呼噜,呼噜——"一阵粗重的喘气声,让黄点点犹豫在半空中的脚悄悄放了下来。

"是来客人了吗?抱歉(qiàn),我刚才太开心了,没听见!"这时,黄点点看到一个胖嘟嘟、圆溜溜的家伙从黑暗里走出来。当他走近时,黄点点才看清,是一只戴着眼镜的猪摇摇晃晃地走来,边走边发出呼噜呼噜的声音。

"您好,请问我该怎么称呼您?"黄点点很有礼貌地问。

"你好呀,帅气的小家伙,你可以叫我老葫芦,山岭里的朋友们都这样叫我。"戴眼镜的猪很和善。

"您好,老葫芦先生,这个名字很帅气。"黄点点高兴地跟他打招呼,又摸摸自己的头,向老葫芦介绍自己,"我叫黄点点,很高兴认识您。"

"黄点点小朋友,你是从山岭外面来的吗?"

"是的,我家住在人类的世界,我很喜欢探险,我刚从蚂蚁王国出来。"

"哦？你喜欢探险？"老葫芦好奇地看着他。

"我不仅喜欢探险，还喜欢数学呢。"黄点点说。

"太好了，真是天助我也。"老葫芦听到"喜欢数学"这几个字，激动得一蹦三尺高。

咦？难道老葫芦也是一个数学迷吗？黄点点心想。

猪太太去年生了 **9 个猪宝宝**，到现在为止，老葫芦已经有 **13 个猪宝宝**了。这么多猪宝宝，老葫芦高兴是高兴，但有一件事让他有点儿不好意思说出口。

为了区别大小，老葫芦想给去年生的猪宝宝挂上**圆形的项链**，给今年生的猪宝宝挂上**三角形的项链**，可是他算来算去，怎么也算

退位减法的技巧

以17-9为例，个位数7不能被9减去，所以需要进行退位运算。接下来，我们就将17-9变为不退位减法。将17和9都加上1，变成18-10。被减数和减数同时加上相同的数，差不变。

51-15如何计算？首先，确定个位数1不能被5减去。然后，将减数的个位数变为0，即51和15都加上5。这样，算式变为56-20。经过简单运算，36就是答案。

不清猪太太今年生了多少个猪宝宝。为了算这个，老葫芦有些发愁，黑眼圈都熬出来了。

黄点点听了老葫芦的问题说："这是个小问题，见到你的猪宝宝们就能搞定啦！"

猪宝宝们按大小排起了队，他们一个个伸着脖子，排成了一条直线。老葫芦乐呵呵地走过去，开始数可爱的猪宝宝："1、2、3、4、5、6……没错，13个猪宝宝一个也不少，全都在这里了。"老葫芦数完，转身对黄点点说，"聪明的小家伙，快帮帮我吧！"

黄点点不慌不忙地走过去，**站在了第 9 只小猪和第 10 只小猪的中间**，对老葫芦说："老葫芦，现在你知道猪太太今年生了多少个猪宝宝了吗？"

"1，2，3，4……4个？"老葫芦推了推眼镜，又数了数猪宝宝，不可思议地问，"这么简单？"

"从 13 只小猪里面数出 9 只小猪，看剩下几只小猪不就可以了吗？算式是 13-9=4。"黄点点说。

"把所有的小猪排在一起，从 13 只里面数出 9 只，再看还剩几只，数一数，就能知道答案了，我怎么没想到呢？之前我的脑子怎么就没开窍呢！对了，斑马先生也遇到了同样的问题，他肯定还没解决，我

赶紧去告诉他！"老葫芦说完，自己一个人就跑出去了，留下黄点点
尴 尬(gān gà) 地站在那里。

　　这次冒险不会就是照顾这么多猪宝宝吧？如果这样……黄点点不
敢往下想，他的脑袋 嗡(wēng) 地一下，像充满气的气球一样胀大。

　　"哎呀，你看我这个老糊涂。"粗重的喘气声和急促的脚步声打断
了黄点点的思路，"我一个人去可帮不了斑马先生，还得带上你这个有
学问的人呀。"原来老葫芦走了一半，想起没有带上黄点点，就又跑了
回来。

　　斑马先生家是一个大家族，家族里的斑马宝宝比老葫芦家的猪宝
宝还多。斑马先生知道老葫芦是来帮他解决难题的，别提多高兴了。
这个难题实在是难住了他好久。斑马先生见到黄点点就像落水的人见
到救命的稻草，什么礼貌呀，自我介绍呀，都顾不上了，直接说："我

们家族去年一共有 8 个宝宝出生，现在一共有 15 个宝宝。我也想给他们挂上项链做标记，可是我算不清今年生了多少个宝宝。"

"你把小斑马都叫出来，让他们排队，刚才我们就是那样做的。"老葫芦激动地插话说。

"哎呀，你不知道，我家斑马宝宝可没猪宝宝乖巧听话呢，现在都不知道跑哪里去了。"斑马先生愁得眼睛鼻子都挤到一起去了，脸上黑白条纹皱成一团。

"斑马宝宝不在身边，我也有办法算出来。"

"真的吗？那怎么算？"斑马先生脸上刚才 皱^{zhòu}成一团的条纹像被谁猛拉了一下，一条条变得可直了。

黄点点找了一根树枝在地上画了起来。"如果你们只会 10 以内的加减法，那么可以把 **15 分成 10 和 5**，左边 10 只小斑马，右边 5 只小斑马，**先算 10-8=2，再算 2+5=7**，所以 15-8=7。"黄点点边画边解释说。

"原来就是把 15 分成 1 个 10 和 5 个 1，从左边 1 个 10 里先去掉 8 个 1，剩下 2 个 1，再加上右边的 5 个 1，就得到了 7 个 1。这个方法可真是太妙了！"老葫芦这次听明白了。

"也可以先**从右边去掉 5 个 1**，**再从左边去掉 3 个 1**，也就是把 15 分成 10 和 5，**先算 5-5=0**，**再算 10-3=7**。"斑马先生也开动脑筋积极思考。

这两位大朋友讨论着数学问题时，黄点点脑子也没闲着，他立即想到了别的办法，边列算式边说："我们也可以这样列算式。"

$$15 - 8 = 7$$

5　10

2

"这样看得更清楚了，黄点点，你的办法可真多！"老葫芦忍不住表扬他。

"我也有一个新的想法，不知道对不对。"斑马先生吞吞吐吐地说。

"说说看，好办法都是想出来的！"黄点点鼓励他。

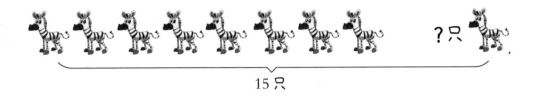

"去年和今年**一共生了 15 只小斑马**，**去年生了 8 只小斑马**，要想知道今年生了多少只小斑马，写出 8+（ ）=15 的算式。"斑马先生一步步地说出了自己的想法。

"当然可以啦。"黄点点肯定地说。

"如果你会算加法，用这个办法再好不过啦。斑马先生，你学得真快呀！"老葫芦朝他竖起了大拇指。

一个数学问题，让黄点点轻松解决了爸爸们的难题，还交到了新朋友，这种感觉真是太好啦。

数学小博士

名师视频课

黄点点离开蚂蚁王国，来到了迷幻山岭。在山岭深处的红色小屋里他碰到了猪爸爸老葫芦，热心的黄点点帮助老葫芦和斑马先生解决了数宝宝的问题，其实就是数学中 20 以内的减法问题。他们还一起想出了好几种解决问题的方法。

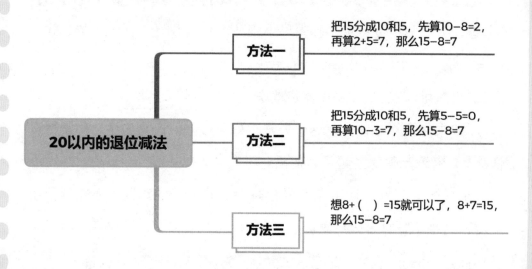

20以内的退位减法

方法一：把15分成10和5，先算10−8=2，再算2+5=7，那么15−8=7

方法二：把15分成10和5，先算5−5=0，再算10−3=7，那么15−8=7

方法三：想8+（　）=15就可以了，8+7=15，那么15−8=7

斑马先生的问题解决了，黄点点跟着老葫芦回家了。在迷幻山岭，黄点点认识了老葫芦这个朋友，老葫芦热情地邀请他住在自己家。

到了晚上，黄点点躺在软绵绵的稻草床上，从天窗往外看，看到满天的星星，那些星星像一只只眼睛，一闪一闪地朝黄点点眨眼，黄点点第一次和星星像朋友一样对望，感觉亲切极了。

他眼睛看着星星，脑子里却想到了老葫芦，他不会算20以内的减法，猪宝宝们现在也不会，长大以后可能还是不会，这可怎么办？

想到这儿，他再也躺不住了，从床上爬起来，在纸上又写又画。快要完成时，他觉得接下来应该让老葫芦来完成。于是黄点点在后面写道："老葫芦，写写看，你能写出多少个20以内的减法算式？"

聪明的小朋友，你能帮助老葫芦写一写，算一算吗？

18 - 9 = ☐	☐ - ☐ = ☐	☐ - ☐ = ☐	☐ - ☐ = ☐
17 - 9 = ☐	☐ - ☐ = ☐	☐ - ☐ = ☐	☐ - ☐ = ☐
16 - 9 = ☐	☐ - ☐ = ☐	☐ - ☐ = ☐	☐ - ☐ = ☐
15 - 9 = ☐	☐ - ☐ = ☐	☐ - ☐ = ☐	☐ - ☐ = ☐
14 - 9 = ☐	☐ - ☐ = ☐	☐ - ☐ = ☐	☐ - ☐ = ☐

温馨小提示

　　小朋友，上一页的小木屋里面可以按照顺序用一个20以内的数减一位数。开动你聪明的小脑袋想一想，填一填，也可以再加几座更高的小木屋哦！

第二章

春耕

——认识 100 以内的数

春天的山岭，绿草如 毯^{tǎn}，绿树成荫。五颜六色的小花开在山坡、田野上，像山坡的头饰，像田野的花边，好看极了。黄点点每天和猪宝宝们割草、摘浆果、看云朵、追蝴蝶，自由自在得像天空飘荡的白云。

山岭里有一棵老 槐^{huái} 树，很粗壮，黄点点和所有小猪们手拉手才能把它抱住。黄点点爬上老槐树，站在树上看山岭。在树上，可以看见不远处小木屋红色的屋顶，还有屋顶上小小的烟筒，烟筒里飘出的烟像白色纱巾一样，被风吹动着，飘舞着，像是和黄点点招手问好；可以看见斑马先生带着小斑马们在山坡上悠闲地吃着嫩绿的小草，黑白条纹的斑马站在绿草地上，像一个黑白纽扣 镶^{xiāng} 嵌在绿地毯上；可

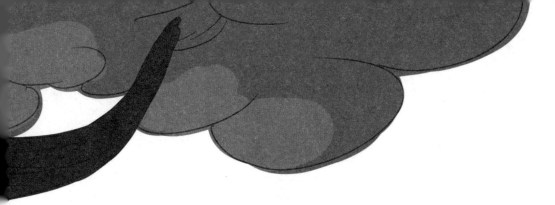

以看见老黄牛一家吃力地拉着犁，慢吞吞地行走在水田里；还可以看见奶牛太太带着奶牛宝宝们低头吃草，奶牛宝宝们像星星围着月亮一样，寸步不离地跟在奶牛妈妈身边。不远处，老葫芦和猪太太正在田地里忙碌着，他们有好多庄稼要种：玉米、大豆、红薯、花生……黄点点在老槐树上一边看一边和猪宝宝们说自己看到了什么，他就像是他们的望远镜。

猪宝宝们听说爸爸妈妈在忙着春耕，都想去帮忙。老葫芦和猪太太两个人要种那么多粮食，真辛苦，黄点点也想去帮忙。如果老葫芦看到这么多人来给他帮忙，一定会很高兴吧。黄点点带着猪宝宝们向农田走去。老葫芦看到猪宝宝们和黄点点走了过来，却不停地摆手。

"不要来，不要来捣乱！"老葫芦大声说道。

奇怪，别的爸妈见孩子这么懂事地来帮忙，高兴还来不及呢，这个老葫芦真是个老糊涂。

"我们不是来捣乱的，我们是来帮忙的。"黄点点赶紧说道。

"你们帮不了忙的，这么多人，只会把我的种子弄得乱七八糟。"猪太太也摇头说。

"我们可以帮忙数种子、分种子呀。"

"对呀，这个是可以的。"老葫芦猛地一拍脑袋，脸上立即多云转晴，高兴起来。

要想**合理分工**，首先要知道有多少活儿要干，有多少种子需要播种，怎样才能数得又快又准呢？黄点点边踱步边想方法，眼前猪宝宝们混乱的场景让他哭笑不得：有的在泥地里打滚，有的用鼻子拱^{gǒng}地，有的你追我赶，这哪里是帮忙呀，真是捣乱来了。不行，必须让他们有活儿可干，否则全乱套了。

这时，他看见一只小猪手里拿着一根树枝，树枝上沾着一团团泥巴，像一串冰糖葫芦，还像——他突然想起来了，像**计数器**呀！之前他在蚂蚁王国就做过一个。

黄点点做好计数器就把猪宝宝们召集起来，让他们围成一个圈，他站在中间说："你们看，我这里有一堆玉米粒。如果我每 10 个放 1 份，你们能从 10 开始往下数吗？"

老葫芦的 13 个猪宝宝里，布莱特很聪明，他立刻举起了肥嘟嘟的小手叫着："我会，我会！ 10、11、12、13、14、15、16、17、18、19……19……"布莱特急得直跳，"19 后面是多少呢？"他焦急地看着黄点点。

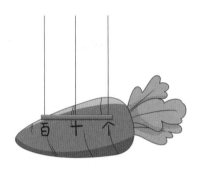

"我们一起**用这个计数器算算**是多少吧。"黄点点拉着布莱特的手说，"这是我用胡萝卜和树枝做成的计数器。从右边起，**第一位是个位，第二位是十位，第三位是百位……**"

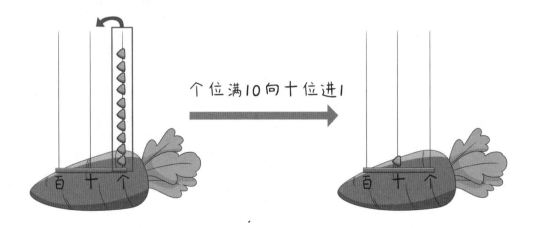

个位满10向十位进1

"从个位开始，摆一粒玉米就表示 1 个一，当个位摆满 10 粒玉米时也就是 10 个一，我们可以说 10 个一就是 1 个十。个位满10，就需要把个位上的玉米粒清空，向十位进1，这就是我们说的满10进1了。有人会摆 19 吗？"

"布莱特肯定会！"几只小猪异口同声地说。布莱特走到黄点点身边，拿出一些玉米粒，在树枝做成的计数器上摆放起来。

"我先在十位摆 1 粒玉米，表示 1 个十，再在个位依次摆 9 粒玉米，1 个十和 9 个一合起来就是 19。然后我在个位再摆 1 粒玉米，个位满10 向十位进1，个位清空，**十位就有 2 粒玉米，那就是 2 个十**，就是 20 了。太棒了，我知道 19 后面的数是 20 啦！"小猪布莱特高兴得蹦起来。

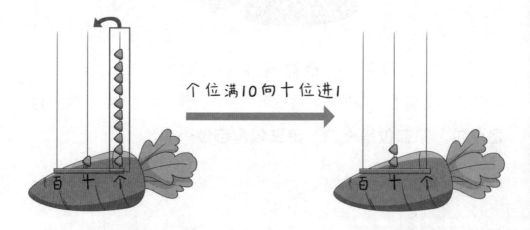

个位满10向十位进1

黄点点帮每个猪宝宝都做了一个计数器。有了计数器后，每个猪宝宝也都学会了如何使用计数器。黄点点分给他们足够多的玉米粒，让他们反复练习。整整一个下午，小猪们用计数器数种子，非常卖力。不知不觉，天已经黑了。猪宝宝们没有帮到老葫芦什么忙，只用计数器数出了种子的数量。可老葫芦很高兴，像是帮了他很多。

"黄点点，你真是厉害，一个下午，就教会所有猪宝宝计数了，要不是地里活儿多，我都想学了。"

"嘿嘿，你不用着急，我派个小老师教你。"黄点点说着指向小猪布莱特。

小猪布莱特听说自己要当小老师，非常高兴。他把今天学习的内容认认真真地讲给老葫芦听。黄点点还提醒布莱特要考一考老葫芦，看他掌握得如何。

"爸爸，这是我做的计数器，你能在计数器上摆出 79 吗？"布莱特果真考起老葫芦来。

"小菜一碟！先在十位放 7 粒玉米，表示 7 个十，再在个位放 9 粒玉米，表示 9 个一，7 个十和 9 个一合起来就是 79。"看来，老葫芦学得不错！

数字 0 的意义

数字0具有多重含义和用途。0可以用来表示不存在或者没有某种事物，例如：铅笔盒里没有铅笔，可以说有0支铅笔。在数字表示中，0可以占据一个数位，而没有具体数值，比如105中的0表示十位上没有数字。0还可以代表特定的数值，比如在某些测量工具上，0刻度线表示测量的起点。在数轴上，0是正数和负数的分界点，这意味着0既不是正数也不是负数。0是一个多用途的数，它在数学、文化、自然和科技等多个领域中都有着重要的意义和作用。

真是忙碌又有意义的一天呀。晚上，黄点点躺在稻草床上，看着满天繁星，不自觉地嘴角微微上扬。计数器真是个很棒的发明，制作简单，还能就地取材，大家都能很快学会，这真是太棒了。

在这个种瓜得瓜、种豆得豆的季节，虽然今天没帮上老葫芦播种，但磨刀不误砍柴工，学好计数，明天应该能帮上忙了吧。黄点点在心里默默地盘算着，眼皮慢慢地耷(dā)拉下来，进入了甜甜的梦乡。

数学小博士

名师视频课

　　美好的春耕日里，黄点点虽然没能去农田里帮助老葫芦种庄稼，但是他带着猪宝宝们学习用计数器数数的工作也很重要呢。黄点点就地取材，用胡萝卜和树枝作为学习的工具。你会用身边的材料制作计数器吗？

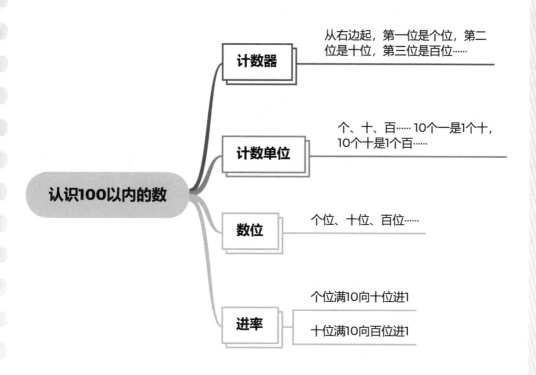

认识100以内的数

计数器 —— 从右边起，第一位是个位，第二位是十位，第三位是百位……

计数单位 —— 个、十、百……10个一是1个十，10个十是1个百……

数位 —— 个位、十位、百位……

进率 —— 个位满10向十位进1

十位满10向百位进1

　　布莱特是一只爱思考的小猪。晚上他躺在床上，像放电影一样，白天的知识一幕幕出现在脑海中，越放越清醒，脑子也越来越兴奋。他索性爬了起来，用树枝在地上画了一个方方正正的格子。这个方格横着数每行有 10 个小格子，竖着数每列也有 10 个小格子。布莱特一边想一边在格子里填数，不一会儿就有了这样一张表格。

　　你知道怎样填这张表格吗？可以从某一个数出发，向它的前、后、左、右四个方向出发填数。填完再仔细观察这张表格，每一行每一列的数存在怎样的规律呢？

1									10
	12							19	
		23		25	26		28		
			34			37			
		43					48		
		53					58		
						67			
		73		75	76		78		
	82							89	
91									100

温馨小提示

　　竖着看这张表格，这些数的个位和十位分别有什么规律呢？再横着看，看看这些数的十位和个位又有怎样的规律呢？快来试试，相信你一定能很快发现其中的奥秘！

第三章 >

谁是第一名

——两位数比大小

清晨，迷幻山岭远处的山顶被一层薄薄的雾笼罩着，像给山蒙上了一件面纱。雾慢慢往下飘，飘到山腰，又像给山 缠(chán) 绕了一条飘带。细微的风缓缓地吹着，那飘带随风慢慢地飘，像跳舞的人在舞台上缓缓地移动着。

太阳从山的那边露出了半边红脸蛋，像在偷偷地看人跳舞，又像在偷偷地看哪只猪宝宝在 赖(lài) 床。晶莹的露珠挂在小草叶尖上，像一个个透明的水晶，美丽极了。

迷幻山岭的公鸡先生早早地就开始工作了："喔喔喔！喔喔喔！"
声音响亮、高昂。黄点点一下子就醒了，他伸了个大大的懒腰，一骨
碌从稻草床上爬起来。

他走到猪宝宝们的房间一看，小家伙们横七竖八地躺着，鼾 声
四起，有的 撅 着屁股，有的张着大嘴，有的抱着别人，有的把脚伸到
别人鼻子旁……黄点点笑了起来。他抬头看了看窗外，太阳已经升起，
一缕阳光照在一只猪宝宝的屁股上，黄点点一个没忍住，伸手拍在小
猪屁股上，挨个叫醒猪宝宝。今天一定要帮老葫芦春耕，这么多张嘴
巴在等着食物下肚呢，可耽误不得。

"今天我们有什么任务啊？"布莱特一清醒，就想投入"战斗"。

"今天我们要去春耕啦！"黄点点兴奋地大叫起来。

黄点点和猪宝宝们吃完早餐，老葫芦已经把劳动任务分配好了：
种红薯一组，种花生一组，种玉米一组……黄点点和布莱特一组，负
责种玉米。

　　秋天的收获是喜悦的，春天的播种却是辛苦和无聊的，怎样才能让无聊的春耕变得有趣和轻松些呢？黄点点想出了一个激励办法：到中午吃饭时间为止，哪一队种的庄稼最多，午饭就可以获得一个大红薯。黄点点刚宣布完，猪宝宝们就兴奋地 嗷 嗷叫，眼睛里都放着光，每个猪宝宝都坚信自己能得到一个大红薯。

　　红薯在冬天吃，是粉 糯 糯的，在春天吃，那可是甜蜜蜜的。之前只有表现最好的猪宝宝才能被奖励一个小小的红薯，黄点点刚才说的可是大红薯呢。猪宝宝们 搓 了搓肥嘟嘟的小手，排着队走进了庄稼地。

　　说干就干，黄点点撸起袖子干起来。布莱特负责用鼻子拱出埋种子的小土窝，他一边拱一边数："1、2、3、4……"他越拱越起劲，好

像大大的红薯就在庄稼地的那头等着他。黄点点负责撒种子和盖土。只见他戴着手套，右手放几粒种子在小土窝里，然后左脚一拨土，就给种子盖上被子了。其他小猪也是两两一组，前面的拱小土窝，后面的撒种子、盖土，都配合得很好。

眼看着其他小组要超过自己了，黄点点即使腰酸了也不敢停下来休息，额头上的汗水像雨滴一样不停地往下落，也顾不上擦，就当是给小种子浇水吧，黄点点心想。黄点点没有抬头看也知道，不光他们俩这样，其他小组肯定也都像比赛一样紧张。

"呼噜呼噜，收工啦，吃饭啰！"老葫芦的喊声就像赛场的哨声，大家都抬起头来看向其他组。

布莱特清清鼻子上的泥："呼噜呼噜，我和黄点点一共挖了 **38 个**坑，都种上了玉米。"

"才 38 个？我们可是挖了 **42 个**坑，比你们多！"这时，从不远处传来了不服气的声音。

"不对，8 比 2 大，是布莱特种的多，布莱特可是我们这些猪宝宝里面最聪明的，他肯定是种的最多的。"最小的猪小弟抢着说。布莱特听到猪小弟的话很开心，但是很快又觉得哪里不对。

"38、39、40、41、42……数一数，**42 在 38 的后面**，应该是他们赢了。"布莱特认真又遗 憾（hàn）地说。

"布莱特，是我让你输掉了比赛，对不起。"黄点点沮丧地低下了头。

"虽然我们没有拿第一名，但你教会我数数，我也知道了如何比较数的大小，比起大红薯，学会这些知识更让我高兴。"布莱特安慰着黄

点点。

"没关系，虽然我们也没有赢得大红薯，但是跟你一起劳动我们非常开心。"其他组的小伙伴对黄点点说，然后大家一起大笑起来。

"布莱特，要**比较 38 和 42 的大小**，除了数一数，我们还可以用昨天做的**计数器**来比较。"说到数数，黄点点心情变好了很多。

布莱特一拍脑门儿："是啊，我怎么没想到！"布莱特拿出自己的计数器，又借了猪小弟的计数器，他在两个计数器上摆出两个数。

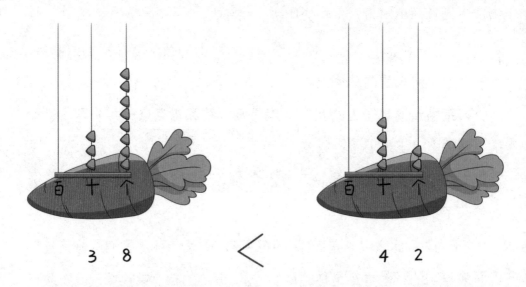

"在十位摆 3 粒玉米，表示 3 个十，在个位摆 8 粒玉米，表示 8 个一，3 个十和 8 个一合起来就是 38。在十位摆 4 粒玉米，表示 4 个十，在个位摆 2 粒玉米，表示 2 个一，4 个十和 2 个一合起来就是 42。"布莱特一边摆，一边小声嘀咕 。摆完之后，布莱特展示给大家看。

"38 小于 42。因为**42 里面有 4 个十**，而**38 里面只有 3 个十**，肯定是 42 大。"

"42 比 40 多 2，38 比 40 少 2，所以 42 大于 38。"猪宝宝们围着两个计数器，边看边讨论。

看着获胜的小猪大口地吃红薯，布莱特的口水差点儿流出来，黄点点心里一阵难过。

突然，布莱特把头一甩，像甩掉了什么，他脸上的表情立即由阴转晴了。

"来，来，我们再看这两个数……"布莱特把猪宝宝们召集过来，继续讨论。

黄点点也加入了他们的讨论，他想，虽然没有机会分享红薯，但是可以分享知识啊！黄点点眼珠一转，马上就有了新主意。

"**59 和 51 谁大**？"他问大家。

猪宝宝们立刻在计数器上摆了起来。

"59！"一只小猪报出了答案。

"说说你是怎么比的。"黄点点追问。

"59 和 51 里面都有 5 个十，所以我们只要**比个位**就可以，9 大于 1，那么 59 就大于 51 了。"刚才那只小猪自信地回答。

"＞" 和 "＜" 的由来

为了表示"大于"或"小于"，数学家们绞尽脑汁，先后发明出各种表示的方法。1629年，生于法国的荷兰籍数学家吉拉尔在他的《代数新发现》中，采用了符号"ff"表示"大于"，用符号"§"表示"小于"。例如，5大于1记作："5ff1"，2小于3记作"2§3"。1631年，英国数学家哈里奥特，用符号"＞"表示"大于"，"＜"表示"小于"，这就是现在通用的大于号和小于号。例如5＞3，4＜6。与哈里奥特同时代的数学家们也创造了一些表示大小关系的符号。但是在后来的实践中人们逐渐发现有些不等号写起来很烦琐，所以很快都把它们淘汰了，最后只有哈里奥特创造的"＞""＜"流传下来。

"在比较38和42的时候，只要比较十位就可以，38里面有3个十，42里面有4个十，4个十多于3个十，所以42大于38。"另外一只小猪接着说。

黄点点看着猪宝宝们都学会了比较数字的大小，心里比吃了红薯还要甜呢。

"那100和96谁大？"黄点点又出了一题。

"那肯定是100大啊，**100里面有10个十，96里面只有9个十**。"布莱特抢答道。小猪们跟着点头，认同布莱特的答案。黄点点也跟着点头，感叹布莱特可真聪明。

数学小博士

名师视频课

黄点点和布莱特通力合作，顺利完成了种玉米的任务。虽然布莱特没有得到大红薯，可是他收获了知识。读完他们的故事，小朋友，你知道怎样比较两位数的大小了吗？

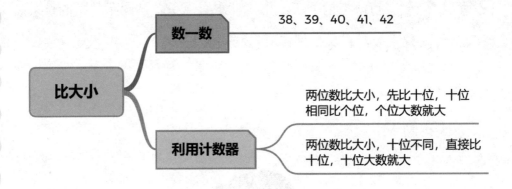

数一数 —— 38、39、40、41、42

比大小

利用计数器 —— 两位数比大小，先比十位，十位相同比个位，个位大数就大

两位数比大小，十位不同，直接比十位，十位大数就大

智慧加油站

种庄稼可真是个体力活儿，一天下来，猪宝宝们都累得够呛。回到房间，大家都四脚朝天，一动也不想动。只有黄点点，好像有用不完的力气，一个劲儿地催促布莱特从床上爬起来，好像有个大计划在等待实施。

"布莱特，我们来玩游戏吧。"黄点点凑到布莱特耳边悄悄地说。

"好吧，就玩一轮，我实在太困了！"布莱特疲惫地回答。

"太棒了！"黄点点赶紧出题，生怕布莱特睡着了。

"我们轮流说出任意 3 个不同的两位数，再按从大到小的顺序排列。"

"呼噜、呼噜、呼噜……"回答黄点点的只是一串串呼噜声，布莱特已经进入了梦乡。小朋友，你愿意陪黄点点玩一玩这个游戏吗？

温馨小提示

小朋友，要找到大小不同的两位数，我们只要先确定十位，再确定个位就可以了，赶紧试一试吧！

33

第四章

欢送会

——整十数加、减整十数

　　一转眼，黄点点来迷幻山岭已经两个月了。他躺在床上，心里盘算着是不是该踏上新的旅程了。在小木屋住了这么久，突然要离开，还真有点儿不舍。想到这儿，黄点点的眼泪差点儿流出来。为了不让大家难过，黄点点决定只和老葫芦告别一下，然后悄悄离开。

清晨，公鸡先生就像闹钟一样"喔喔喔"开始打鸣了。黄点点揉揉眼睛，从床上爬起来。这一晚，想到要离开，他非常难过，梦里全是离别的场景。

可天下没有不散的 筵 席。黄点点鼓足勇气找到老葫芦，不好意思地说："本来我在枕头下面给你留了一封信，想悄悄地走，但我想还是和你当面道别比较好。"

"我知道你会走，可是没想到这么快。明天一早再走吧，让我们全家为你举办一个欢送会，我相信小家伙们有很多话要跟你说。"老葫芦说着说着眼睛湿 润 了。

吃完早饭，老葫芦宣布了黄点点要离开的消息。猪宝宝们都很伤心，特别是布莱特，他觉得黄点点给他打开了一扇通往数学的窗，透过窗，他模模糊糊地看到远处有更多的数字高楼，还有很多其他风景。当他想擦亮玻璃，看清外面的风景时，抹布却被黄点点带走了。这怎能不伤心呢？

"虽然黄点点就要离开了，可是他教给了我们很多很好的学习方法。不要难过，布莱特，老爸相信通过你自己的钻研，你一定能变得像黄点点一样聪明。"老葫芦赶紧安慰道。

"嗯，我们就开开心心地准备欢送会吧！"布莱特擦干眼泪说。

布莱特突然长大了很多，他像猪爸爸的小助理一样给小猪们布置任务：有的采花，有的准备食物，有的准备晚上的 篝 火晚会……

这时从不远处传来了争吵声。

"我采的花多！我采了 **30 朵红花和 40 朵黄花**，肯定比你多。"

"我采的多！我**一共采了 90 朵花**，里面有 **30 朵蓝花**，我……

我算不清采了多少朵紫花。"

黄点点和布莱特都被争吵声吸引了过去。最小的两只猪宝宝在为谁采的花多而争吵不休。

"弟弟们，黄点点之前教了我们哪些比较多少的方法，你们还记得吗？"布莱特问。两只小猪摸摸头，待在一边谁也不说话，像两个木头人一样站在那里一动也不动。

"快去找计数器帮忙！"在布莱特的提醒下，两只小猪立即奔跑起来，去拿自己的计数器。

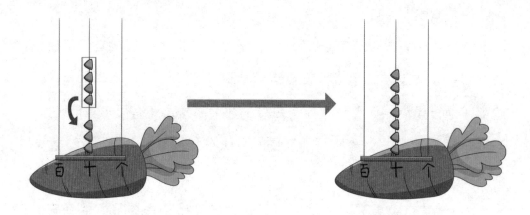

"在计数器的十位上先放 3 颗玉米粒，**表示 3 个十**，再放 4 颗玉米粒**表示 4 个十**，这个时候就有 7 颗玉米粒了，那就是**7 个十**，就能知道 30+40=70 了！"布莱特真像个小老师，耐心地给他们讲解。

"我要计算 30+40 是多少，只要想 30 表示 3 个十，40 表示 4 个十，3 个十加 4 个十得到 7 个十，就是 70 了。也就是**先观察十位**，先算 3+4=7，就可以算出 30+40=70。这样看来，你采了 90 朵花，确实比我多。那怎么算紫花有多少呢？ 90-30 是多少？"刚才在争吵的一只小猪听完后又有了新问题。

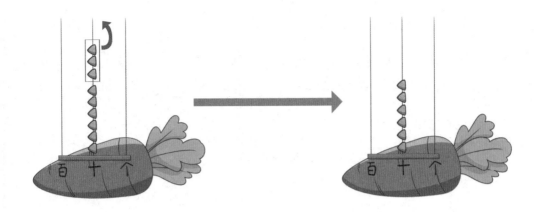

"也用计数器算啊！你看，先在十位放9颗玉米粒，**表示9个十**，再去掉3颗玉米粒，那就剩下了6颗玉米粒，就是**6个十**，所以90-30=60啊！"布莱特非常有耐心地给弟弟们讲解。

"明白了，计算90-30是多少，只要想90表示9个十，30表示3个十，9个十减3个十得到6个十，就是60。这个方法也是**先观察十位**，先算9-3=6，那么90-30=60。这个方法真好。"这只小猪学会了

生活中的100

生活中与100有关的数是很多的。比如考试成绩多为百分制100分；还有我们常见的百分数，它的分母是100，如10%；人民币最大的面值是100元；水烧开时的温度可以达到100度；100年为一个世纪。100也代表着优秀、完美，如百里挑一、百发百中、百战百胜、百年好合等。

就高兴得手舞足蹈。

"整十数的加法和减法是有共同点的,它们都是**先观察整十数里面有几个十**,**直接用十位上的数字相加减**,就能得到结果。"布莱特给大家总结了一下。

"虽然计数器是个好宝贝,但还要感谢黄点点,是他教我们认识了

计数器，以后遇到数学问题都可以用它来帮忙！"布莱特说完，用力地抱了抱黄点点，好像他心中所有的感激，所有想说的话，都聚集在了这个拥抱上。最舍不得黄点点走的就是布莱特了，黄点点刚带着他摸到通往数学的大门就要离开了。以后遇到问题，该问谁呢？布莱特一遍遍抚摸手中的计数器，好像是在和这个新朋友说悄悄话：我相信你，我的新朋友，以后就靠你了，靠你帮我，教我知识，帮我解决问题。

不知不觉，天空已经送走了太阳，拉起来黑色 帷(wéi) 幕，而欢送会才刚刚开始。斑马先生一家接到消息，也赶了过来。

猪宝宝们把小木屋装饰得 焕(huàn)然一新，鲜花、水果、美食应有尽有。小木屋里像过年一样热闹，大家好像已经忘记离别的伤心，一起做有趣的事情是多么开心呀。这一切，黄点点看在眼里，默默地记在心里，他想把这欢乐的时刻永远留在脑海里，成为最美好的回忆！

黄点点就要离开老葫芦一家了，虽然非常不舍，但是终有一别啊！布莱特对计数器的使用已经很熟练了，黄点点不担心会有什么问题难住他。

这不，聪明的布莱特借助计数器帮弟弟们解决了整十数加、减整十数的问题。我们一起来看一看，他是怎么算的。

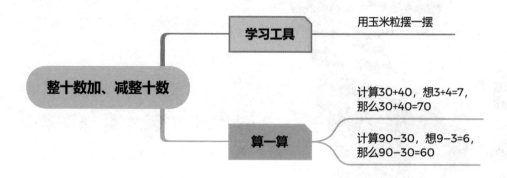

整十数加、减整十数

学习工具 —— 用玉米粒摆一摆

算一算 —— 计算30+40，想3+4=7，那么30+40=70

计算90-30，想9-3=6，那么90-30=60

欢送会办得非常成功，大家在一起唱啊，跳啊，度过了一个愉快的夜晚。夜深了，黄点点躺在小木屋的稻草床上，看着头顶的星空，脑子里像放电影一样，回忆着在老葫芦家里发生的一切。他想，给布莱特留下点什么吧！于是他拿出纸笔，写道："亲爱的布莱特，很高兴遇见你们，给你留下一个小礼物，希望你能喜欢。同时，我也希望你能创造更多的小火车哦！"

小朋友们，要创造更多的小火车，不仅可以想整十数减整十数的算式，还能想整十数加整十数的算式，开动脑筋，比一比，看谁开的小火车又长又快！

图上小火车的答案：90−10=80　90−70=20

90−30=60　90−90=0

90−50=40　90−60=30

05

夜晚的森林

——两位数加、减整十数

第二天清晨，太阳照常升起，公鸡先生照常"喔喔喔"地打鸣，小木屋里的猪宝宝们，赖床的照常赖床，一切如故。只有黄点点要离开老葫芦家去新的地方了。

猪太太准备了丰盛的早餐，玉米 烙^{lào} 、烤红薯、蒸土豆……她希望她做的美食能给黄点点留下一些美好的回忆。吃完早饭后，黄点点跟大家一一道别，踏上了新的旅程。

太阳高高地悬在头顶，照在身上暖融融的。黄点点朝着太阳的方向出发，一路向东。他一边走一边哼着歌。路边有五颜六色的小花，翩翩起舞的蝴蝶，还有几只蜜蜂忙着采蜜。成群结队的小蚂蚁在搬运粮食，黄点点走到它们身边，蹲下身子跟它们打招呼。

"小蚂蚁，你好，请问这是去梦幻森林的路吗？"

"你是谁？从哪里来？"小蚂蚁很 谨慎（jǐn shèn） 地问。

"我叫黄点点，从老葫芦的小木屋那边过来的。"黄点点小声回答着，生怕说话力气大了，嘴里吹出的风把小蚂蚁们吹翻。

"小木屋？我知道！"

"你要去梦幻森林呀，那里可远了。"

"去梦幻森林，估计你的腿要走成像我们蚂蚁腿这么细才能走到。"小蚂蚁们你一言我一语。

黄点点听了小蚂蚁们的话，抬头朝着前方望去，隐约能看到一大片绿色。"好像也不远。"黄点点心想，"可能是因为蚂蚁太小了，才觉得路远吧。"黄点点告别了小蚂蚁们，朝着梦幻森林的方向全速前进。

走着走着，路两边的树影越来越小，最后树影都躲到树脚下了，一如他自己的影子，缩到了脚后跟。黄点点抬头一看，太阳爬到了头顶，已经到中午了，难怪有点儿累。

黄点点一屁股坐在草地上，像被太阳晒蔫（niān）了的一棵草，无精打采。拿出猪太太塞给他的食物，他边吃边想着老葫芦、猪太太和猪宝

宝们，他们现在也在吃午饭吧？吃饱喝足后，黄点点又精神抖擞地站了起来，腿上也有劲了，他迈开大步，朝着梦幻森林的方向走去。

渐渐地，太阳像个泄了气的气球，一点点往下 坠落，最后一抹身影掉进西山前面的湖泊里，天一下就黑了。黄点点也终于走到了梦幻森林的入口。

第一个使用 "=" 的人

第一个使用 "=" 的人是英国数学家雷科德。在15、16世纪的数学书中，还是采用英文单词来表示两个相等的量，但是在一个算式中存在着大量的英文单词，书写起来很麻烦。1557年，英国数学家雷科德在他的论文中写道："为了避免枯燥地重复这些单词，我认真地比较了许多图形和记号，觉得世界上再也没有比两条平行而又相等的线段，表示相等更恰当了。"于是，雷科德首创了用两条平行且相等的线段来代表相等，称 "=" 为等号。但由于当时文化传播的局限性，雷科德发明的等号并没有马上为大家所采用。直到17世纪，在德国数学家莱布尼茨的大力倡导下，"=" 开始得到人们的认可，并于18世纪真正得到普遍使用。

月亮不知不觉地升了起来，等黄点点发现时，月亮已经像个大圆盘一样明晃晃地挂在天空。看看漆黑的森林，再看看月亮，月亮是那么明亮，可一低头，月亮还是不能将梦幻森林完全照亮。

远远的，黄点点看到梦幻森林里有几个绿色的亮点在移动，是月光反射出的光亮吗？黄点点第一次一个人晚上来森林，嘴巴想说不怕，但脚却很诚实——不敢迈步。

"有谁在吗？"黄点点大喊一声，好像声音越大，自己的胆子就越大。

"小家伙，你是哪位？"声音是从头顶传来的。黄点点抬头一看，一只猫头鹰站在树上。

"猫头鹰先生，我叫黄点点，是从老葫芦的小木屋那里过来的，想进梦幻森林探险。"

"你好，黄点点，我叫澳维。你算是找对了，我是夜行动物，晚上的梦幻森林，没有谁比我更清楚了。"

"太好了，澳维，很高兴认识你，你能说说夜晚的梦幻森林吗？"黄点点的双腿有点儿软，但他的心却很勇敢，他迫不及待地想知道梦幻森林里到底有什么。

"夜晚，梦幻森林里面的大灰狼会成群结队地出来觅食。你刚才有没有看到森林深处的绿光？那就是大灰狼的眼睛发出的光。"

黄点点听了，脸唰的一下变白了，刹那间，汗毛倒竖，汗从身体上的各个毛孔里涌出来，凝结成汗珠，紧贴着皮肤悄无声息地流，好像它们也被大灰狼吓得不敢出声。

"既然你这么说，那我……我今晚就……就在森林外面过夜吧！谢谢你，澳维。"黄点点说话都变得结结巴巴起来。

黄点点找了些干草，在澳维附近找了一棵有树洞的枯树，打算装一回松鼠在树洞里过夜。和松鼠不一样的是，松鼠喜欢在树洞里藏一些干果，黄点点却在树洞里藏了一些石子。刚才澳维说森林里有很多大灰狼，所以黄点点捡了很多石子来以防万一。

松鼠抱着干果能很快进入甜美的梦乡，黄点点守着这些小石子，却怎么也睡不着。

"澳维，你猜猜我树洞里**有多少颗石子**？"黄点点庆幸，身边还有猫头鹰陪着他，更幸运的是猫头鹰也不睡觉。

"我估计有 **75 颗**，不能再多了吧？"澳维想了想说。

"澳维，你太神了，你是怎么知道的？"

"小瞧了我们猫头鹰的本领了是吧？我们的眼睛对微弱的光线也很敏感，在夜晚我们也能看得很清楚。"澳维自豪地说。

"你的眼睛太厉害了，在夜晚，我都看不清楚东西，只有这些白色的石子，借着月光，我才能捡到。现在我考考你，如果我**再捡 20 颗石子，那我一共有多少颗石子**？"黄点点既担心睡不着，又害怕睡着，于是想要和澳维玩点有意思的游戏。

"我想想，75 可以分成 **7 个 十**和 **5 个 一**，你又捡了 20 颗，那就是 **2 个 十**，7 个十和 2 个十合起来就是 9 个十，再加上原有的 5 个一，那不就是 95 了吗？"澳维的思维十分敏捷。

"原来有 **75 颗石子**，如果我 **扔掉 20 颗** 呢？"黄点点继续考他。

"75 分成 7 个十和 5 个一，扔掉了 20 颗，就是 7 个十去掉 2 个十，

就是 5 个十，再加上原有的 5 个一，那不就是 55 吗？"澳维再次给出了答案。

"澳维，你绝对是个数学天才！如果用这样的算式来表示，我们可以看得更清楚。计算 75+20 是多少，可以把 75 分成 70 和 5，先算 70+20=90，再算 90+5=95。"在月光下，黄点点一边说一边用树枝写起来。

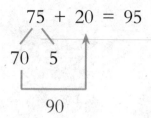

"那计算 75-20 是多少，也可以把 75 分成 70 和 5，先算 70-20=50，再算 50+5=55。"澳维看着算式说，"看你写的算式，我好像明白了一件事情。你看，两位数不管是加整十数还是减整十数，都是先把两位数拆成整十数和一位数，先算整十数加、减整十数，再加上余下的一位数。"

$$75 - 20 = 55$$

70   5

50

黄点点听了直点头，现在他更加确定来梦幻森林是非常正确的选择，否则怎么能遇到澳维这么厉害的朋友呢！每次他出题，就像比武出招，澳维答题，就像接招，他们两个，这样一来一回，就像两个会武术的人，出招接招地对打。当两个人的武功水平差不多时，又像下棋遇到了对手，越下越有意思，越比越精彩。

"澳维，你真的太厉害了，以后我要和你一起好好学习……"黄点点说着说着，没声音了。澳维低头一看，原来黄点点睡着了。

"放心睡吧！我帮你站岗！"澳维站在树上巡^{xún}视着四周，保护着熟睡的黄点点。他想，这个新朋友很有意思呀！

温馨 小提示

小朋友，我们可以按照黄点点和猫头鹰澳维总结的方法来计算两位数加、减整十数。

上面澳维设计的游戏答案如下，你做对了吗？

45−30=15	78−30=48	86−30=56
63−30=33	52−30=22	39−30=9
45+10=55	78+10=88	86+10=96
63+10=73	52+10=62	39+10=49

第六章

森林采摘

——两位数加、减一位数（不进位、不退位）

清晨的梦幻森林被一层薄薄的雾笼罩着，变得更加梦幻，远远看去宛若仙境。一颗露珠从树叶上滑落，正好落在黄点点的鼻尖上，一声清脆的"滴答"声惊醒了睡梦中的他，那露珠却像个顽皮的孩子，逃得无影无踪。黄点点揉了揉眼睛，睁开双眼，阳光已经透过薄雾照进了森林。

"澳维，你看，太漂亮了！"

"嗯，什么……"澳维给黄点点站了一晚上的岗，现在困得眼睛都睁不开了，"不行，我太困了，我要睡觉了，晚上……晚上我再找你！"

"好吧，澳维，谢谢你昨晚的陪伴，你赶紧睡觉吧！"黄点点心里满满的都是感动，能在进入森林的第一天遇到澳维这么贴心的朋友，真的是太幸运了。

黄点点从树洞里爬出来时，肚子发出了咕咕的叫声。虽然猪太太给他准备了很多食物，但那些食物总会吃完，还得想办法自己寻找食物，黄点点边走边想。

清晨的太阳照进森林，森林里的小动物们睡醒了，跳着蹦着活动着身体；植物们也睡醒了，它们用晨露洗个澡，然后慢慢舒展着身姿，

以最好的状态迎接这个早晨。小鸟站在枝头唱着清晨的第一首歌，一只野兔突然从 灌 木丛里蹿出来，一眨眼又消失在另一边的灌木丛里。

　　不远处有一只小猴子在树上荡秋千，一换手，一转身，就从一棵树荡到另一棵树上，非常灵活。

黄点点呆呆地看着小猴子灵巧地在树枝间移动，等小猴子走远了，他才回过神，心想应该问问小猴子白天的森林是什么样的。

"嗨，小猴子，你好！你叫什么名字？"黄点点大声呼喊着。

小猴子听到了呼喊声，放慢了速度，回头看了一眼："你好，我叫小圣。你是梦幻森林新来的客人吗？以前我可没见过你。"

"我叫黄点点，我从老葫芦家的小木屋来到这里。小圣，你能讲讲白天的森林是什么样的吗？"

"白天的森林？"

"是啊，昨天我到这里已经是晚上了，在森林外遇到了猫头鹰澳维，他说森林里有很多大灰狼，我，我有点儿害怕，所以没敢进森林。"

"澳维可是我们梦幻森林里最有学问的博士，有他给你介绍梦幻森林就足够啦！"小猴子说完，转身就走，不，是荡。

"等等，小圣，可澳维是夜行动物，所以——白天的森林……"

"哦，我忘记了，澳维白天睡觉。你不要怕，夜晚你爬上树，大灰狼就伤害不到你了。现在我带你逛一逛，你就清楚白天的梦幻森林是什么样的啦！跟我来吧！"说完，小圣抓住一根 藤^{téng} 条，轻轻一荡，就飞到了树上。树丛间的小圣，有意放慢了速度，黄点点在树下大步跑着。一个树上荡，一个树下跑，两个小伙伴竟然能保持同频。

跑着跑着，黄点点来到一棵参天大树前，大树的枝丫一起向上张开着，像是树撑开了一把大绿伞，但这把大伞仿佛特别喜欢太阳，远看树叶密不透风，走近细看，叶子与叶子之间留着好多细小的缝隙，这缝隙雨进不来，风进不来，却引来了无数个小太阳，不信，你低头

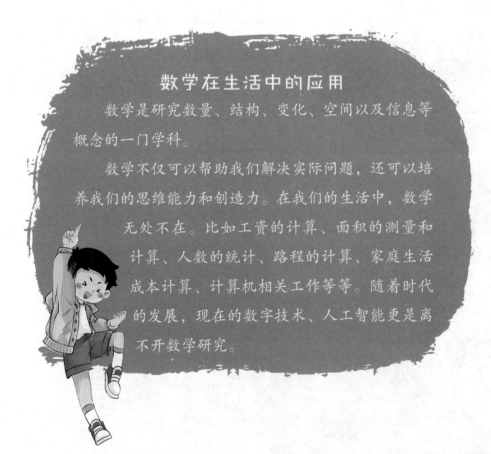

数学在生活中的应用

数学是研究数量、结构、变化、空间以及信息等概念的一门学科。

数学不仅可以帮助我们解决实际问题，还可以培养我们的思维能力和创造力。在我们的生活中，数学无处不在。比如工资的计算、面积的测量和计算、人数的统计、路程的计算、家庭生活成本计算、计算机相关工作等等。随着时代的发展，现在的数字技术、人工智能更是离不开数学研究。

看地面，地上圆圆的小光斑就像天上圆圆的太阳。大树旁边有一棵香蕉树，香蕉树上结满了香蕉，黄澄澄的香蕉把枝条压弯了腰。此时的香蕉树仿佛一个人抱着一大串香蕉向路人说："饿了吧？来一串香蕉尝尝吧。"

黄点点的肚子好像听懂了香蕉树的话，立即咕噜咕噜地回答。他这才想起今天还没吃早饭，竟跟着小圣跑了一上午。

"小圣，这香蕉能吃吗？你能帮我摘点香蕉吗？"

"能吃，能吃！摘香蕉可是我的拿手好戏，等着！"

小圣下树像脚底板抹了油，
<ruby>咻<rt>chī</rt></ruby> 溜一下就滑下来了，上树更是轻巧，脚下如有神助，<ruby>噌<rt>cēng</rt></ruby>噌两下就爬到了香蕉树上。小圣爬上香蕉树，没有立即摘，而是左看看右瞧瞧。

"小圣，你怎么还不摘呀，你是挑花眼了吧？"黄点点站在香蕉树下，馋虫早就被勾出来了。

"莫急，莫急，我精挑细选，一会儿让你大饱口福。"小圣挑得越认真，黄点点的肚子叫得越厉害。

不一会儿，黄点点的脚下已经有了一座香蕉小山。

"小圣，够了，够吃了！我们已经摘了45根香蕉了，你下来吧！"趁小圣下来的工夫，黄点点一口气就吃掉了3根香蕉，好在这个不是枣，要不他真是囫囵吞枣了。

有3根香蕉垫底，黄点点脑子又灵活了起来："小圣，刚才你一共摘了45根香蕉，我吃掉了3根，现在还**剩下多少根**啊？"小圣挠挠头，回答不出来，掰手指，还是不行，他一屁股坐在地上，数起脚趾，好像还不够，急得他面红耳赤。

"小圣，不急，一共45根香蕉，吃掉了3根，那么算式就是45-3。45里面有**4个十和5个一**，**从5个一里面去掉3个一**，就得到了2个一，再和前面的4个十合起来，就是42了呀，所以45-3=42。"黄点点放慢速度，非常耐心地说。

"是把45分成40和5两部分，**先算5-3=2**，**再算40+2=42**，对吗？"小圣不太确定地问。

$$45 - 3 = 42$$

"小圣，你说的很对。我再来考考你，第一次你摘了 45 根香蕉，如果你第二次又摘了 3 根，那你一共摘了多少根香蕉呢？"

"那算式就是 45+3 了！45 里面有 **4 个十**和 **5 个一**，**5 个一和 3 个一合起来是 8 个一**，再加上 **4 个十**，那就是 48 了。"小圣自信满满地回答道。

"给你点个大大的赞！计算 45+3，**把 45 拆成 40 和 5，先算 5+7=8，再算 40+8=48**。我们还可以写出这样的算式呢！"黄点点边说边用树枝在地上写出了算式。

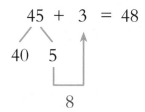

"哇，这样就看得更清楚了。不管是计算 45-3 还是计算 45+3，我们都要先把 45 分成 40 和 5，都是**先用个位上的数字进行计算。**"小圣自己整理了思路。

"计算两位数加、减一位数，我们直接从两位数的个位进行计算就可以了。"黄点点总结道。

"这个方法真的是太棒了，以后采摘果子，我就用你说的这个方法计算数量，肯定是最快最准确的，那时我会成为全梦幻森林里最聪明的小猴，哈哈哈……"小圣说着，哈哈大笑起来。

一天的时间过得飞快，晚上黄点点又回到了铺着干草的树洞，澳维早早地等在那里。黄点点兴奋地跟澳维聊着有趣的一天："在森林里

奔跑的感觉可真好，一会儿在绿荫里跑，一会儿在光斑里跑。有时感觉是在追逐着光跑，有时又感觉是光在追逐着自己，对，就是和光在玩追逐游戏。跑的时候，大口大口呼气吸气，每呼吸一口空气，就呼吸到了森林里花的味道，果子的味道，还有小草、大树清香的味道，这些味道像一个个小精灵，它们钻进你的身体后，立即跑遍身体每个角落，把身体每个角落打扫一通，让身体干净、通透、轻盈起来。身体轻盈了，脚步也变得轻松了，像要飞起来。奔跑的时候，有些树会故意使绊^{bàn}子，小松鼠、野兔有的会害怕地躲避，胆大的会加入奔跑的队伍和我比赛。各种美丽的花朵，奇异的果子，张着嘴巴，仰着脸庞^{páng}，好奇地看着，这感觉，比在学校操场跑步有趣得多，好玩极了。我真想在这里待一辈子。"

澳维静静地听着，两只大眼睛瞪得更圆了，他对夜晚的森林是很熟悉的，但黄点点给他描绘的白天的森林也是那么有趣，他之前并没想到。

数学小博士

名师视频课

　　森林里的小动物们太厉害了！昨晚，黄点点以为澳维是森林里最聪明的小动物，没想到今天遇到了小圣，他和澳维一样聪明，而且他还这么好学，实在了不得。黄点点觉得这个大森林实在是太神奇了。他开始期待接下来几天在森林里有更多的奇遇。小朋友们，我们先来回顾一下黄点点和小圣今天的收获吧！

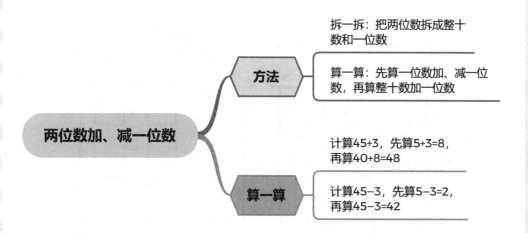

两位数加、减一位数

方法
拆一拆：把两位数拆成整十数和一位数
算一算：先算一位数加、减一位数，再算整十数加一位数

算一算
计算45+3，先算5+3=8，再算40+8=48
计算45-3，先算5-3=2，再算45-3=42

　　"澳维，今天我和小圣一起讨论的数学题很好玩，用两位数加、减一位数，你要不要也来试一下呀？"黄点点想和澳维一起玩。澳维慢悠悠地说："好呀！"

　　小朋友，你能和澳维一起算一算吗？你还能想到哪些两位数加、减一位数的算式，请把下面两座小房子里的算式补充完整并写出答案吧。

| □ − □ = □ |
| □ + □ = □ |
| □ − □ = □ |
| □ + □ = □ |
| □ − □ = □ |

| □ − □ = □ |
| □ + □ = □ |
| □ − □ = □ |
| □ + □ = □ |
| □ − □ = □ |

　　小朋友，小木屋里面的算式可以自己写自己算，也可以出题给小伙伴写，开动你聪明的小脑袋仔细想一想吧。

第七章

登高

——两位数加、减两位数（不进位、不退位）

"咦，这是在开闹钟展览会吗？"黄点点闭着眼，耳朵里却充满了各种声音：有清脆婉转如戏曲的黄鹂声，有悠扬悦耳的百灵鸟声，还有灰喜鹊喳喳的叫声……

我到底是在哪儿呀？黄点点睁开眼睛看了看周围，哪里是什么闹钟展览会呀，是森林里清晨的音乐会现场——黄点点在森林树洞里被一阵阵鸟儿的歌声叫醒了。他闭上眼继续欣赏音乐会，过了一会儿，他揉了揉眼睛，再次睁开眼睛，吓得差点儿跳起来，只见一个毛茸茸的家伙倒挂在树上——原来是小圣！

"今天我带你去一个好地方，就是——就是有点儿远，爸爸妈妈从来不让我一个人去，现在有你陪我，他们就允许我去啦！"小圣兴奋地说。

黄点点从树洞里探出头，左看看右看看，然后缓缓地伸了个懒腰："有点儿远？那是多远？一天能到吗？"

"那要看是谁的速度了，要是用我的速度前进，肯定可以，你的速度就不好说了。不过，如果走了一天还没走到，我们就立刻回头，怎么样？"

"没到就回头？"黄点点小声嘀咕，"我们还是做好走很远的准备吧！我们再去采摘一些香蕉，多带一些水。"两人一拍即合，说走就走。

他们沿着一条清澈的小溪走，阳光洒在溪水里，金灿灿的。早晨的溪水，冰冰凉凉的；但是中午的溪水，摸起来暖暖的。黄点点脱了鞋袜，让脚和溪水来个亲密拥抱。溪边的石头被溪水冲刷得光溜溜的，一点儿也不硌脚。小鱼们在溪水里悠闲地游着，有几条胆大的小鱼还跑过来闻一闻黄点点的脚，嗯，这个味道有点儿怪，有的小鱼立即游走了，有的小鱼还挤进他的脚趾缝里，痒得黄点点咯咯笑。

不知不觉，半天过去了，黄点点和小圣都觉得有点儿饿，还好出发前他们准备了很多吃的。吃完后，他们继续沿着小溪走。突然，轰隆隆的响声传入他们耳中，这响声好像从天而降，且一刻也不停，像有千军万马奔腾而来。四处看，却不知道声音来自哪里。

"我们先穿过这片树林吧，这树林太高太密，挡住了我们的视线。"小圣说。小圣很喜欢树林，他从小在树林里长大，在树上睡觉、吃饭、玩耍，树林就是他的家。

走进树林，声音更加清晰了，响声也更大了，黄点点和小圣都要扯开 喉 咙 喊才能听到对方说话。循着巨大的声响往前走，感觉就要
hóu lóng
揭开谜底，却始终不见真面目。他们以为穿过了树林就能发现声音的源头，谁知出了树林，出现在他们前面的却是一座山。

黄点点有点儿沮丧，他的腿变沉重了，就像有一个人拉着，让他每走一步都很吃力。

大数学家陈景润

陈景润是我国著名数学家，主要从事解析数论方面的研究，并在哥德巴赫猜想研究方面取得国际领先的成果。1966年5月，他证明了命题"1+2"，将两百多年来人们未能解决的哥德巴赫猜想的证明大大推进了一步，这一成果被国际上誉为"陈氏定理"，其后他又对此做了改进。除了在数论上取得突出贡献，陈景润还研究了其他数学领域，出版了《初等数论》《组合数学》《哥德巴赫猜想》《组合数学简介》等著作。他的工作和贡献激励着青少年攀登科学高峰。

"加油，黄点点，我们绕过这座山，或许就能看到了。"在小圣的鼓励下，黄点点咬牙坚持着，一步步往前走，等走到山的另一面时，他们都张大了嘴，惊讶得什么话也说不出来。

好大的瀑布呀！一条宽大的亮闪闪的瀑布从高高的山上冲下来，源源不断，永不停歇。他们眼睛里、脑子里全都是瀑布倾泻而下的画面。巨大的声音像个耳塞，把其他的声音都给堵在外面了，只有这一种声音充满了两只耳朵。

黄点点不知道自己在瀑布前站了多久，也不知道有多少水花在自己面前飞溅，更不知道小圣喊了他多少次。

"黄点点！水流下来的地方可能就是我们要去的山顶，我们赶紧往前走吧！"小圣拉着黄点点往前走，他们走到半山腰，黄点点才从瀑布的画面里走出来。

当他们登上山顶时，太阳好像等了他们好久，等得垂头丧气，只留少许红红的亮光，他们一来，这少许的亮光也瞬间消失了。太阳下班回家了，月亮来上班了，一轮圆月高高地挂在天空中。

小圣在山顶找到了一棵大树，他们俩一起爬上树。山顶、大树被月光照得透亮，那月光好像是天空特意为他们留的一盏明亮的灯。小圣和黄点点可以清晰地看到彼此的脸。他们俩一点儿都

不困，心里有种说不出的激动。他们坐在高高的大树上，聊着白天的森林、小溪以及小溪里的鱼虾。聊得正欢时，突然一个东西"嘭"的一声砸中了黄点点的头，他抬头一看，树上竟然也挂着"灯"，这"灯"和月亮不一样，它是红彤彤的，让黄点点想起春节时家门口挂着的红灯笼。

这"灯"红得发亮，摸着圆圆的，闻一闻，一股甜香钻进鼻孔。黄点点把它举起来，透过树叶，在月光下，它闪着红宝石一般的光芒，漂亮极了。

哦，原来是樱(yīng)桃！想不到这么漂亮的果子居然还这么美味。黄点点还是第一次看到这么大的樱桃。借着月光，饱食樱桃大餐，这可真是一顿美妙的月光晚餐呀。

"嗝……"两人同时发出了饱嗝声，然后相视大笑。

"黄点点，你的脸，现在跟我一样，红彤彤的。"

"小圣，你的嘴巴，像涂了口红，比你的脸还要红！"他俩摸着圆鼓鼓的肚子，吃得实在是太撑了，更加睡不着了。

"小圣，我们来数樱桃吧！"黄点点说完就开始数起来。

"小圣，我数到了 **45 颗**，你数到了多少颗？"

"我数得没你快，我只数到了 **31 颗**。"

"那我们一共数了多少颗呢？小圣你会算 45+31 吗？"

"我不确定算得对不对。"小圣犹豫地说。

"没事儿，你大胆地说。"黄点点鼓励他。

"你看我这样想对不对。45 里面有 **4 个十**和 **5 个一**，31 里面有 **3 个十**和 **1 个一**。把 4 个十和 3 个十合起来就是 7 个十。把 5 个一和 1 个一合起来就是 6 个一。那么 7 个十和 6 个一合起来就是 76，这样对吗？"

"你是我见过的最——最聪明的猴子！我们还可以借助工具——计数器来快速计算。我们在计数器上拨珠子，先用橙色的珠子摆出 45，再用绿色的珠子摆出 31，看得懂吗？**个位上就是 5+1=6，是 6 个一，十位上就是 4+3=7，是 7 个十**，合起来就是 76。"小圣看着这个漂亮的计数器惊呆了，黄点点的背包里居然还有这样的宝贝呀。

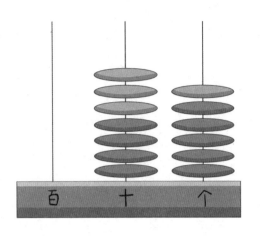

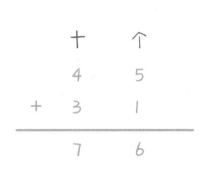

"这个算式叫竖式计算。以前我们都是口算，用竖式计算我们称为笔算。用计数器计算和笔算是一样的。"黄点点拿出纸和笔写了起来，"先写好数位，从右边起第一位是个位，再写十位。写数的时候4个十对齐十位，5个一对齐个位，写31也是一样。然后**先算**5个一加1个一得6个一，**写在个位上**；**再算**4个十加3个十得7个十，**写在十位上**。"

"那条短线就相当于加法算式里的等号吧？"

"对，你很聪明，我再来考考你。刚才我们俩一共数了76颗樱桃，如果我吃掉24颗，还剩多少颗？"黄点点由加法转到了减法。

"如果用计数器，在计数器上先拨7个十和6个一，吃掉了，就要去掉：**先在十位上去掉2个十，剩下了5个十；再在个位上去掉4个一，得到2个一**；5个十和2个一合起来就是52了。"小圣很轻松就回答出来了。

"你知道笔算的算式怎么写吗？"黄点点继续问道。

"是不是这样：先写76和24，**个位和个位对齐，十位和十位对齐**。先算个位，6个一减4个一得2个一，写在个位；7个十减

2个十得5个十，写在十位；这样就可以得出76-24=52。"小圣立马就回答了出来。

"太棒了，你知道两位数加两位数和两位数减两位数在计算时，哪些地方是相同的，哪些地方是不同的吗？"黄点点引导小圣进行知识点的总结。

"口算时，相同的是十位上的数和十位上的数相加或相减，个位上的数和个位上的数相加或相减。还可以列竖式计算，也就是你说的笔算。"小圣总结了相同点。

"那你知道笔算有哪些需要注意的地方吗？"黄点点这是要刨根问底呀。

"在写竖式的时候，**相同数位对齐**，也就是要把十位上的数相对齐，个位上的数相对齐，**从个位算起**。还需要**画一条横线**代表'='，将答案的数位对齐写在横线下面。"

"回答准确又全面，给你打一百分！"黄点点觉得小圣已经完全掌握了这些知识点。

经过这一番讨论，已经到了半夜，小圣进入了梦乡。黄点点还是没有睡意，出来这么久，他有点儿想家了。他望着美丽的星空陷入了深思。

名师视频课

　　黄点点看着熟睡的小圣心想：要不，我来做森林里的小老师，帮助小动物们学习吧！这样想着，黄点点好像没有那么想家了。

　　小朋友，你也能做森林里的小老师，快帮助小动物们总结一下今天的收获吧。

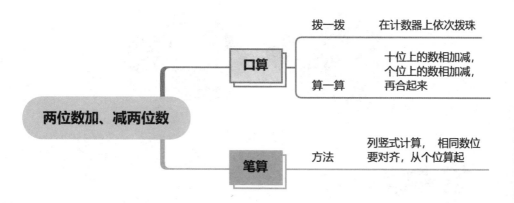

山顶的月亮特别大，特别圆，好像伸手就能摸到似的。看着身旁睡着的小圣，黄点点盘算着等他睡醒，要给他一个大大的考验。于是他悄悄地把测试题写了下来。

小朋友，你能帮助小圣顺利通过下面的考验吗？请用竖式计算下面蘑菇里的算式。

25+62=   67−34=

温馨小提示

小朋友，可以想一想前面故事里黄点点和小圣是如何进行竖式计算的，按照他们的方法写一写吧。

```
    2  5              6  7
 +  6  2           −  3  4
 ─────────         ─────────
    8  7              3  3
```

第八章

森林小卖部
——元、角、分

"阿嚏……"黄点点揉揉鼻子，翻个身，想继续他的美梦。可喷嚏不答应，一个接一个地袭击他。

"黄点点，起床啦！我们摘一些樱桃，带到森林小卖部去卖吧！"

"小卖部？"小卖部可是小朋友们的最爱呀，黄点点立即睁开了眼睛。

"森林里的狐狸先生很会算账，他开了个小卖部，小动物们都可以去那里卖东西，也可以在那里买东西。"

听起来很有意思！黄点点见过大超市和小便利店，没想到森林里还有小卖部。听小圣的意思，这里的小卖部，不光卖东西，好像还收购东西，真是有趣呀。

黄点点和小圣用干草和树枝做了 4 个篮子，不一会儿，4 个篮子里都装满了樱桃。黄点点和小圣拎着沉甸甸的篮子朝着小卖部的方向走去。

太阳落山前，他们终于赶到了狐狸先生的小卖部。这个时间，小卖部门前竟然还排着长长的队，这生意也太火爆了吧？黄点点已经很久没看见商店门口排长队了，

就是早餐店前，都没见过这么长的队伍。兔子小姐采了一大盆蘑菇，狗熊太太手里捧着一大罐蜂蜜，松鼠大妈怀里抱着几颗松果……

黄点点和小圣排在队伍的最后。因为是第一次来，黄点点见到什么都很好奇，于是他问前面的兔子小姐："您好，请问您这一盆蘑菇是打算放在这里卖吗？"

"不是的，狐狸先生会帮我数出蘑菇的个数，然后折合成钱给我。"兔子小姐温柔地说。

"哦，原来是这样啊！也就是说你们这里所有的货物，狐狸先生都会折合成钱给你们。以后你们需要什么，再用钱来这里买？是这样吗？"黄点点心中的疑团正在慢慢地解开。

"是的，小朋友。"狗熊太太很肯定地回答他。这时从小卖部里传来狐狸先生洪亮的声音："蜂蜜**20元一罐**。"

"哇，这也太值钱了吧！明天我们去那棵大香蕉树上多摘一些香蕉，肯定也能换不少钱呢！"小圣兴奋起来。

"真是个小财迷！"黄点点笑着说。

"你看松鼠大妈的篮子里装了好多松果，这可是在很远的高山那边采到的，肯定很贵吧？"小圣猜测着。

黄点点看了看说："我猜**5元一个**，每个松果里有很多松子，我以前吃过，可香了呢！"

小圣听着口水都要流出来了："我们把樱桃卖了，买两个松果尝尝吧。"

"我们这么多樱桃能卖多少钱呢？50元可以吧？"黄点点盘算着，"有50元的话，我们买一罐蜂蜜，**蜂蜜一罐20元**，50-20=30元，还剩30元。**买2个松果5+5=10元**，30-10=20元，买完松果，我们还剩20元。"

黄点点的如意算盘真是打得噼里啪啦地响，等他俩进入小卖部后，收到的钱是哗啦啦地响。

"太棒了，一切都如我们想的一样，买到了想要的东西，还剩下20元。"

黄点点和小圣别提多开心了，立即计划第二天去摘香蕉。

晚上，黄点点回到了树洞里，跟澳维讲起这两天的经历。

"你们还去了狐狸先生的森林小卖部啊！前两天我听说狐狸先生那里正在招人呢！**每天的工资是20元**。"澳维慢悠悠地说。

"太好了！明天我和小圣去试试，真是天生我材必有用呀，我黄点点满脑子的数学知识，终于可以派上用场了。"黄点点开始想象自己在小卖部的工作，脑子里浮想联翩。

天一亮，黄点点和小圣直奔森林小卖部。狐狸先生简单考了他们几个数学计算问题，这些问题对于黄点点和小圣来说都太小儿科了。

面试通过！谁能想到呀，昨天黄点点和小圣还是小卖部的顾客，今天已经是工作人员了，这种感觉太有趣了。

"瞧一瞧，看一看，香甜可口的苹果，软软糯糯的香蕉……"黄点点不仅会算，还有一副好嗓子，整个森林都回荡着他的叫卖声。

中国货币

中华人民共和国的法定货币是人民币，中国人民银行是国家管理人民币的主管机关，负责人民币的设计、印制和发行。人民币的单位为元，人民币的辅币单位为角、分。1元等于10角，1角等于10分。中华人民共和国自发行人民币以来，随着经济建设的发展以及人民生活的需要而逐步完善和提高，至今已发行五套人民币，形成纸币与金属币、普通纪念币与贵金属纪念币等多品种、多系列的货币体系。

"苹果多少钱一个?"

"5 角,这大苹果香甜可口,美味极了。"

"好,来两个。"

"收你两个 5 角硬币,**5+5=10 角,10 角 =1 元**,刚刚好。"小圣边收钱边跟顾客解释价钱是怎么算出来的,真是贴心又周到。顾客听了都明明白白地付钱或者收钱,然后心满意足地离开。狐狸先生看着这两个聪明能干的员工,真是满意极了,天底下哪里还有比他们更适合做这份工作的员工呀。

数学小博士

　　黄点点和小圣边卖东西边计算，工作得心应手。狐狸先生告诉他们，很早以前，人们还会用以分为单位的货币，10 分 =1 角。小额的货币有 1 角、2 角、5 角、1 分、2 分、5 分等，这些货币不仅会做成硬币还会做成纸币。现在的硬币只有 1 元、5 角和 1 角了。到目前为止，以分为单位的商品已经没有了，在森林小卖部流通的货币是我国的法定货币——人民币。

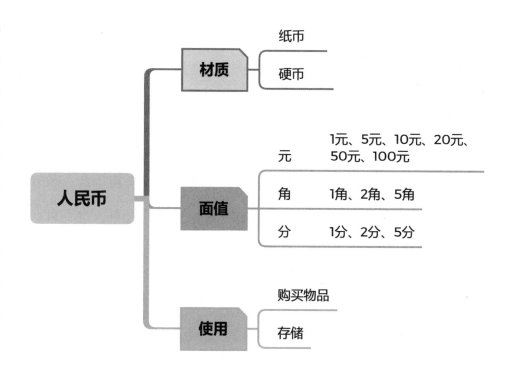

智慧加油站

　　小圣听说有不同的货币，心生好奇。但是，在森林里小圣也没有办法清楚地知道货币的详细情况。小朋友，你能借助互联网查一查相关的信息吗？

　　1. 到目前为止中国发行了几版人民币？找一找人民币的图片，仔细观察它们的面值和外形是怎样的。

　　2. 除了中国的人民币，其他国家的货币长什么样子呢？跟人民币的汇率又是怎样的？

　　3. 开一家小商店，跟爸爸妈妈玩一玩购物的游戏吧！

温馨小提示

　　小朋友，学习认识纸币，可以让爸爸妈妈拿出实物给你看，看一看纸币的颜色、数字，看一看不同币值上面印的人物和风景的区别，再比比它们的大小。想找更多的资料，也可以请电脑帮忙！

第九章

分店开张

——两位数加、减一位数
（进位、退位）

　　小圣和黄点点在森林小卖部做了好多天的伙计，看着那么多的货物买来卖去，觉得很有意思。两人也想开个小卖部，但是他们没有商店，也没有进货的本钱，怎么开小卖部呢？他们思来想去，最终想到了一个主意。

　　"跟狐狸先生合作，开一个森林第二小卖部，你觉得怎样？"小圣激动得一蹦三尺高，直拍自己的脑门儿，觉得自己就是个天才，这个想法都能想出来。

"走，我们现在就去跟狐狸先生说。"黄点点很喜欢小圣的这个主意，但他还是有点儿担心，唯恐夜长梦多，所以他想立刻去找狐狸先生。

来到森林小卖部，两人说明来意，狐狸先生笑了，然后语速缓慢地说道："这个想法不错，我的商店地方太小了，人越来越多，小店都快挤不下了。但是……你们有钱开店吗？"两个小伙伴对视一眼，前几天赚的工资花掉了很多，已经所剩无几了。

狐狸先生看出了他们的难处，微笑着说："我雇^{gù}你们俩做森林小

卖部分店的店长，我们一起开店吧。"

"耶，太棒了！"黄点点和小圣激动地欢呼起来。

狐狸先生出钱，黄点点他们出力，森林第二小卖部开始筹^{chóu}建起来。森林里的小动物们都来帮忙了，大象伯伯用鼻子搬来很多根粗壮的树干，猩猩叔叔帮忙把树干立起来插到泥土里，猴子家族运泥土，山羊家族搓绳子，灰兔家族负责打扫卫生，连小蚂蚁也过来运木屑^{xiè}。经过半个多月的忙碌，森林小卖部分店开张啦！

开业第一天，森林里的小动物们采了五颜六色的鲜花摆在店门口

祝贺他们。

店里来了好多顾客。松鼠大妈来店里卖了 5 个松果和一些蘑菇，有个松果有点儿小，小圣作为店长，认真地说："松鼠大妈，您看，这个松果比较小，5 个松果就算您 24 元，蘑菇 6 元，这样可以吗？"

"好的，听你的。那你要给我多少钱？"松鼠大妈很爽快。

"给你，给你……"啊——丢脸了，店长竟然回答不了顾客的问题。

"黄点点，**松果是 24 元**，**蘑菇是 6 元**，那我应该给她多少钱呢？"好在小圣不懂就问，他及时向黄点点求助。

"你要列算式的话，就是 24+6，可以**把 24 分成 2 个十和 4 个一**，**4 个一和 6 个一合起来就是 1 个十**，**1 个十和 2 个十合起来就是 3 个十**啦！"

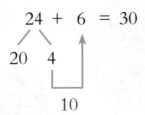

"对呀，30 元。"小圣送走松鼠大妈后，立即找笔写出了算式，拿给黄点点看。

"24 拆成 20 和 4，**先算 4+6=10**，**再算 10+20=30**。你看我写的对不对？"

"对，很对！"黄点点看着小圣，觉得努力学习、努力工作的小圣真是帅极了。

不一会儿，兔子小姐来了："小圣，今天我要请兔子家族的兄弟姐妹们吃饭,你店里有适合我们兔子聚餐的食材吗?"

"兔子小姐,你来得太巧了,我们这里刚好来了一些新鲜的蘑菇,开业大优惠,这些蘑菇就算你 24 元吧!"

小圣边说边把一大篮蘑菇递到了兔子小姐的跟前。兔小姐低头闻了闻直点头:"确实新鲜,这些蘑菇我都要了。我还想买那几个野果子。"

"兔子小姐,你可真有眼光,这野果子是我们准备留着自己吃的,既然你喜欢,就 **9 元优惠**卖给你吧!"

"哈哈,太好了,小圣,赶紧帮我算一下,我一共要付多少钱?"兔子小姐买到满意的商品,笑得乐开了花。

"计算 24+9,**把 24 分成 2 个十和 4 个一**,**先算** 4 个一和 9 个一合起来,是 13 个一,也就是 1 个十和 3 个一,**再添上** 2 个十合起来就是 3 个十和 3 个一,那就是 33!"小圣思路清晰地说出了答案。

"看来是难不倒你了,怎样可以看起来更简单呢?"黄点点想让小圣算得更快一些。

"那还是用算式来表示吧!把 24 拆成 20 和 4,**先算 4+9=13**,**再算 13+20=33**。"小圣想到了用笔算。

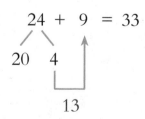

"像24+6，24+9这样，个位上的数相加满十向前一位进1，这样的加法称为**进位加法。**"黄点点像以前一样帮忙总结。兔子小姐听着小圣和黄点点算个账都能讨论出这么多的学问，非常佩服。她买完东西结了账，没有马上离开，而是跟小圣约好，下次买东西的时候，要跟着他学算账。兔子小姐家里有时候会储存很多蘑菇，但到底是多少个，从来都没算清楚过。之前的日子呀，一直这么稀里糊涂地过着，要是学会算账了，日子就能过得明明白白了。

猩猩奶奶提了一大串香蕉来卖，小圣报价**30元**。猩猩奶奶听了，高兴得嘴巴都合不拢了，她顺便又买了几个松果。

"这几个松果8元，我来算一下还需要找给您多少钱！30的个位是0，肯定没法减去8。把**30拆成2个十和1个十，先算**1个十减8个一，就剩下了2个一，**再和2个十合起来**，那就是22了！"小圣念叨着。

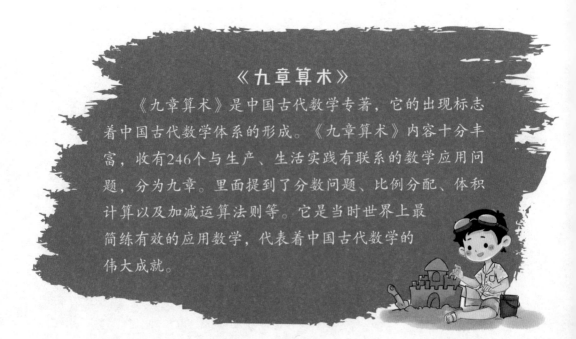

《九章算术》

《九章算术》是中国古代数学专著，它的出现标志着中国古代数学体系的形成。《九章算术》内容十分丰富，收有246个与生产、生活实践有联系的数学应用问题，分为九章。里面提到了分数问题、比例分配、体积计算以及加减运算法则等。它是当时世界上最简练有效的应用数学，代表着中国古代数学的伟大成就。

"很对。我们也可以用这样一个算式来表示。把 30 拆成 20 和 10，**先算 10-8=2，再算 20+2=22**。那我再考考你，22-8 你会算吗？"

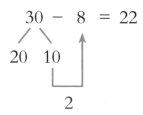

"22 的个位是 2，不够减 8，那么就要把 **22 拆成 10 和 12，先算 12-8=4，再算 4+10=14**。我算的对吗？"

"非常对！计算 22-8，把 22 拆成 12 和 10，先算 12-8=4，再算 4+10=14。你知道 30-8 和 22-8 这两个算式在计算时有什么相同的地方吗？"

$$22 - 8 = 14$$
$$10 \quad 12$$
$$4$$

"30-8 和 22-8 拆成整十数和一位数，**个位都不够减，需要向十位借 1 个十**，再进行计算。"

"是呀，像 30-8 和 22-8 这样，被减数的个位不够减要向十位借 1 再进行计算的减法算式称为退位减法。"

猩猩奶奶看到黄点点和小圣讨论得这么热闹，实在不忍心打断他们。可是家里还有小孙子等着她回去呢！

"咳咳，两位小博士，我听出来了，你们不仅是在做生意，还在研究学问呢！不过，我得快点回家，能麻烦先帮我把账结了吗？"

黄点点这才想起顾客还在等着结账，赶紧说："猩猩奶奶，不好意思，耽误您时间了，这个松果送给您小孙子吧。"

"下次我把小孙子带来，我们一起听你们算账啊！"猩猩奶奶收好钱和松果，赶紧回家照顾孙子去了。

天黑了，小卖部也关门了。黄点点和小圣盘算着今天的收入和支出，感叹道："做生意可真不容易，每笔账都要算得清清楚楚，算多了，对不起顾客，算少了，对不起狐狸先生这个老板！"

数学小博士

名师视频课

　　小圣和黄点点的森林小卖部分店肯定能经营得特别好，他俩不仅勤劳还肯动脑筋，这不，通过给顾客算价钱这个问题，他俩讨论出了这么多的学问。小朋友，这也告诉我们，发现新旧知识之间的相同点和不同点并及时总结是非常重要的。遇到不会的问题，我们可以回忆以前学过的知识，找到知识之间的联系，开动脑筋，用学过的知识解决遇到的新问题。我们一起来回忆一下，今天小圣和黄点点都有哪些收获呢？

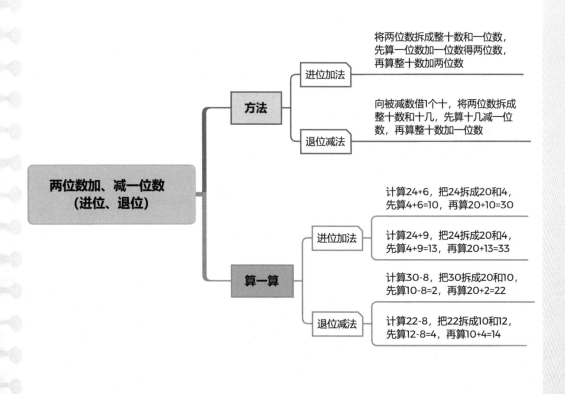

两位数加、减一位数（进位、退位）

方法

进位加法：将两位数拆成整十数和一位数，先算一位数加一位数得两位数，再算整十数加两位数

退位减法：向被减数借1个十，将两位数拆成整十数和十几，先算十几减一位数，再算整十数加一位数

算一算

进位加法：
计算24+6，把24拆成20和4，先算4+6=10，再算20+10=30
计算24+9，把24拆成20和4，先算4+9=13，再算20+13=33

退位减法：
计算30-8，把30拆成20和10，先算10-8=2，再算20+2=22
计算22-8，把22拆成10和12，先算12-8=4，再算10+4=14

算了一天的账，小圣眼睛都模糊了，想赶紧休息一下，没想到黄点点又来和他玩数学游戏了。小朋友，你能帮一下小圣吗？从下表中找出两个数，使它们的和等于32，有多少种组合呢？

3	5	7	9
13	15	17	19
23	25	27	29
33	35	37	39

温馨小提示

小朋友，可以用笔把你想到的算式写出来，按照黄点点给的算式形式写一写，这样算得更快哦！

第十章

分别

——两位数加、减两位数
（进位、退位）

日子一天天过去，黄点点和小圣的森林小卖部分店经营得很好。现在不管是收货还是卖货，小圣都算得清清楚楚。

最近小圣发现一个现象，黄点点看日历的次数越来越多了。

"黄点点，你是不是想家了？"小圣忍不住问。

"我来梦幻森林已经很久了，该回家了！"黄点点心里很难过，既想家，又舍不得新朋友。

"我们一起爬山、摘香蕉、露营、开小卖部……我们一起做了这么多的事情，你走后，我会非常想念你的！"小圣说着，眼泪不争气地落了下来。

黄点点要离开梦幻森林的消息像长了翅膀一样，很快传遍了整个森林。小动物们都来了，他们要给黄点点举办一个欢送会。他们用树藤编了一个大大的篮子，里面装满了食物。有狗熊大婶的蜂蜜，松鼠大妈的松果，兔子小姐的蘑菇……狐狸先生也来了，他从店里拿出很多食物，来招待参加欢送会的小动物们。

晚上，只剩下小圣和黄点点了。

"小圣，你算一算，我来到森林有多少天啦？"黄点点把日历递给

小圣，小圣看了好久，也想了好久，可是没有说出答案。

"小圣，你看，这一天是我们小卖部开店的日子，这一天是我们爬上樱桃树的日子，这一天是我们第一次见面的日子……我们店开了 **16 天**，在此之前，我已经在森林里待了 **34 天**，你能算一算，我在森林里一共待了多少天吗？"

"算式我会列：34+16，都是两位数，要怎么算啊？"

"用计数器，你会算吗？"

"我试试吧。先拨 **3 个十**和 **4 个一**，再拨 **1 个十**和 **6 个一**，这时个位就有了 10 个一，**个位满十向十位进 1**，所以十位就是 3+1+1=5，34+16 就是 50！"小圣高兴地望向黄点点。

"说的很对呀，小圣，你还记得之前跟你说的笔算吗？你会用笔算算这个问题吗？"

"首先，**相同数位对齐**，个位对个位，十位对十位，列好竖式。计算时，先算个位，6+4=10，个位满十向十位进1，个位就是0了，这时请一个小1来帮忙，小小地写在十位的右下方作为标记，**再算十位** 3+1+1=5，十位写5，所以34+16=50。"

为什么风扇的叶片都是奇数？

因为奇数的叶片组合能比偶数的叶片组合带来更多的性能优势，能减少振动和噪声。一旦叶片数量为偶数，并形成对称的排列方式，那么不但会使风扇自身的平衡性难以调整，而且容易使风扇在高速转动时产生更多的共振，从而导致叶片无法长时间承受振动能量，可能出现叶片断裂等问题。当风扇叶片设计为奇数时，由于不对称性，可以减弱风扇在高速转动时产生的共振效应，从而减少噪声和振动。

"这和 45+31 在计算上有哪些相同,哪些不同呢?"

"相同的是列竖式的方法一样,相同数位对齐,从个位算起;不同的地方是 45+31 不用进位,而 34+16 **个位满 10 要向十位进 1,**需要小 1 帮忙。"

$$\begin{array}{r} {\small 十 \quad 个} \\ 3 \quad 4 \\ +\quad 1_{\,1} \quad 6 \\ \hline 5 \quad 0 \end{array}$$

"说的太对了,那你会算 50-26 吗?"

"哎呀,这可都是两位数,还是减法……计数器,我要计数器!在十位拨 5 颗珠表示 5 个十,要减去 26,**个位不够,向十位借 1 个十**,变成 4 个十和 10 个一。十位拨掉 2 颗珠子,剩下了 2 个十,个位拨掉 6 颗珠子,剩下了 4 个一,2 个十和 4 个一合起来是 24。"有计数器帮忙,小圣越来越自信了。

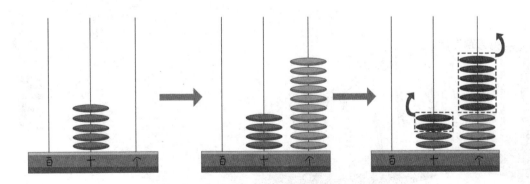

"计数器真是个好宝贝,拨一拨就很清楚。计算时,个位不够减,要向十位借 1 个十到个位,**变成 10 个一**,这时候要请一个小圆点来

帮忙，称为**退位点**。"黄点点总结说。

$$
\begin{array}{r}
\text{十}\quad\text{个} \\
5\ \ \dot{0} \\
-\ 2\ \ 6 \\
\hline
2\ \ 4
\end{array}
$$

"我明白了，先列减法竖式，相同数位要对齐，从个位算起，发现**个位不够减，就向十位借1**，用 10 个一减 6 个一得 4 个一。十位被借掉 1 个十就变成了 4 个十，4 个十减 2 个十剩下了 2 个十，2 个十和 4 个一合起来就是 24。"小圣掌握得更清楚了。

"你越来越厉害了,我再考考你,50-26 跟 76-24 在列竖式计算时又有什么相同和不同的地方呢?"黄点点真是太认真了,每次都要总结相同点和不同点。

"**相同的是**,列竖式的方法是一样的,相同数位要对齐,从个位算起。**不同的是**,76-24 个位够减,不用借,50-26 个位不够减,要向十位借 1 个十,点上退位点。"小圣已经习惯了总结相同点和不同点,对于黄点点的提问,他现在回答起来很轻松。

"小圣,我终于可以放心回家了,小卖部由你这个店长管理,一点儿问题都没有!"小圣听了黄点点的话,心里是既高兴又难过。两个人聊到很晚才睡,他们都舍不得离开彼此。这段时间,他们一起经历了很多事情,一起学习了很多数学知识,成了最好的朋友。

数学小博士

黄点点的探险之旅结束了。在小红屋，他遇到了老葫芦一家和斑马先生；在森林里，他遇到了猫头鹰澳维和猴子小圣，还经营了一家小卖部，可真是太有趣了。在回去之前，我们先帮他总结一下最新收获吧！

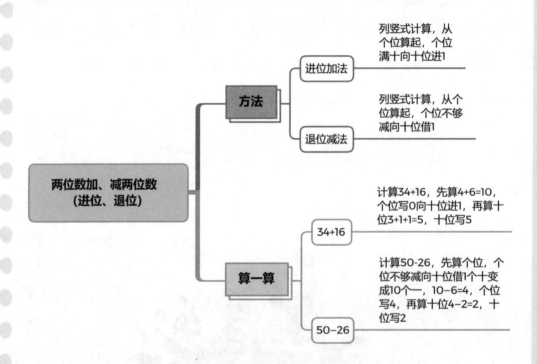

两位数加、减两位数（进位、退位）

方法
- 进位加法：列竖式计算，从个位算起，个位满十向十位进1
- 退位减法：列竖式计算，从个位算起，个位不够减向十位借1

算一算
- 34+16：计算34+16，先算4+6=10，个位写0向十位进1，再算十位3+1+1=5，十位写5
- 50-26：计算50-26，先算个位，个位不够减向十位借1个十变成10个一，10-6=4，个位写4，再算十位4-2=2，十位写2

智慧加油站

黄点点离开森林前给小圣留下了2道数学题当作小游戏。小朋友，你能跟小圣一起来解决黄点点留下的问题吗？请你用竖式计算下面蘑菇里的算式。

65+28=

43-27=

温馨小提示

小朋友，请你想一想前面故事里黄点点和小圣是如何列竖式进行两位数加、减两位数计算的，请按照他们的方法进行竖式计算吧。

```
    6  5              4  3
 +  2₁ 8           -  2  7
 ─────────        ─────────
    9  3              1  6
```

尾声

　　第二天一早，小圣把黄点点送到森林外边的大路上，他会永远记住这个让他学会算数、让他当上店长的朋友。黄点点一个人走在森林外边的大路上，虽然整个人被阳光笼罩着，但心里还是有点儿失落，不管是老葫芦一家，还是森林里的小动物，他们都是那么渴望学习，又是那么聪明，可自己也只是一个一年级的小朋友，会算的数也就只有这些，他们要算大数怎么办？过了暑假就是二年级了，二年级学的数一定比一年级大多了，那时候，他还可以再来，再教他们更大数字的计算。

　　黄点点正在心里盘算，这时候，一束强烈的光线照射过来，他觉得眼睛有些刺痛，忍不住抬手去挡，这一动，人就醒了，他发现自己还躺在家中的小床上。

　　呀，原来只是一场梦啊！不过也可能是另一种形式的时空穿越吧，他相信蚂蚁王国、迷幻山岭和梦幻森林是真的，只不过计算时间的方式和人类的世界不同而已。

通过这些经历，他已经爱上了冒险，更爱上了数学。他下定决心，进入二年级后好好学习数学，将来再开启各种冒险之旅，他要用数学知识帮助更多的小动物！

下一次又会去哪里探险呢？又会发生哪些有趣的故事呢？黄点点心里充满了期待，就像他期待着二年级的新生活一样！